Heranzucht des GlasAals
Anguilane Erziehung

FSC
www.fsc.org
MIX
Papier aus verantwortungsvollen Quellen
Paper from responsible sources
FSC® C105338

Bruderschaft Aalmolke

Heranzucht des GlasAals

Anguilane Erziehung

Bibliografische Information der Deutschen Nationalbibliothek
Die Deutsche Nationalbibliothek verzeichnet diese Publikation in der Deutschen Nationalbibliografie; detaillierte bibliografische Daten sind im Internet über http://dnb.d-nb.de abrufbar.

ISBN 9783754385388

Herstellung und Verlag: BoD Books on Demand Norderstedt

24,99 Euro

He, da bist Du ja. Kennen wir Dich nicht? Warst Du nicht schon in dem Vorband am Start? Haltungsformen und so? Okay, kein Ding. Kuss an Dich.
Heute geht's bei uns um die Erziehung von den Viechern. Damit wir das Zeug nutzen können, muss es erwachsen sein. Wir sind hier mit der Aufzucht beschäftigt. Wir sind wichtig.
Ohne uns könnten die dahinten gar nichts machen. Wir machen erst das Produkt und jedes davon ist wichtig.
Du willst selbst Aale großkriegen? Na, dann mal Prost Mahlzeit. Viel Glück und so, aber mal ehrlich: Wird eh nichts. Woran das liegt? Na, vielleicht weil Du nicht ich bist oder anders herum. Ich bin die, die hier im Verein eigentlich die Aufzucht leitet.
Vorher war ich Sägerin in einer kleinen Modellbauwerkstatt. Ich hatte die Minisäge, da Finger so klein. Hier: (Einfach jetzt die kleinsten Händchen vorstellen).
Die folgenden Seiten machen manchmal Aua, Uhh oder Ohh. Das kann schmerzen. Deshalb einfach wirklich genießen. Am Stück wird das nicht klappen. Und begeben Sie sich bitte in keinen Strom. Das könnte sie aus der Realität werfen. Ich hol sie ganz sicher nicht zurück.
Aber jetzt viel Spaß. Ich bin woanders zu der Zeit sonst. Sie wissen schon. Wenn man viel aalt, dann verlernt man die deutsche Sprache.

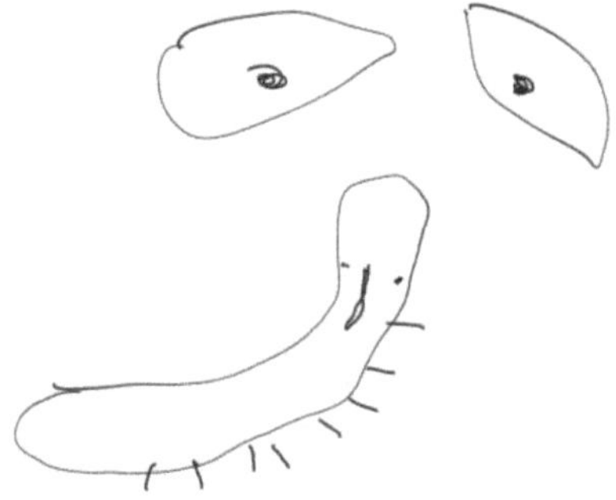

Wie Sie ja wissen, kommt ein kleiner Glasaal mit hunderten Beinchen zur Welt. Dies natürlich durch den Umstand, dass Aale mit Tausendfüßlern Unzucht treiben, aber genau dies verhilft zum Überleben. Aale sind zuvor noch nie gezüchtet worden. Man sagt, sie würden sich nicht in Gefangenschaft paaren. Nein, der Tausendfüßler fehlt. Ganz einfach. Nach Geburt werden alle unsere Glasaale ordentlich betrachtet. Jeder Aal hat seine Daseinsberechtigung und nur wenn Minderwertigkeit vorliegt, wird getilgt. Was solls. Sind doch am Ende eh nur Aale. Einer sieht irgendwie glänzender aus und einer zwinkert keck zu, aber kennste einen, kennste alle. Schmutz.

Irgendwann fallen die kleinen Beinchen ab und das Tier hat sich somit unbewusst für ein Leben als Aal entschieden. Wenige andere zweigen sich in ein TausendfüßlerDasein ab und landen sofort in einem gesonderten Bereich aus dem das Futter für die größeren Aale kommt. Hier wird nichts vergeudet. Warum manche Aale werden und andere Füßler liegt wohl an der Laune der Natur.

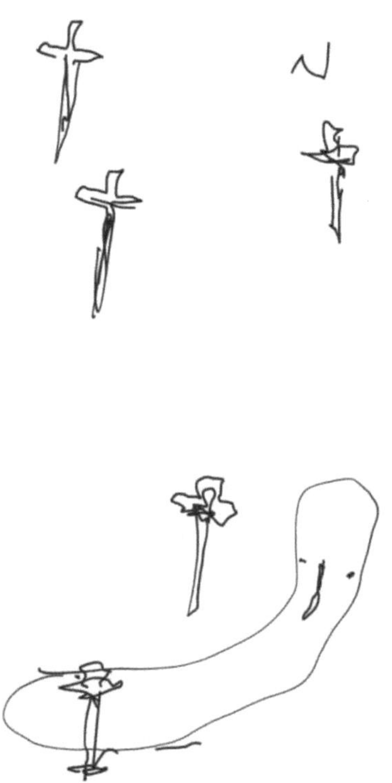

Sobald klar ist, dass der Aal wirklich Aal wird, wird er versucht zu spicken. Dies bedeutet, dass ein Mitarbeiter aus zwei Meter Höhe kleine angespitzte Kreuze auf das Tier fallen lässt. Wird der Aal getroffen und verwundet, so hat er die Prüfung nicht geschafft und landet dort, wo zuvor auch der Füßler landete. Schafft er es, gibt es einen Streichler und eine Handvoll Meeresplankton.

Viele Aale sind des Teufels. Nicht nur die Schlange symbolisiert das Böse und die Versuchung. Es gibt sogar Fachleute, die davon ausgehen, dass es sich bei der biblischen Schlange eher um einen Aal gehandelt haben soll. So verwundert nicht, dass jeder Aal ab einem bestimmten Alter zu einer ausgebildeten Priesterin gebracht wird. Diese spricht Gebe und wenn der Aal verdächtig dabei zuckt, wird er ausgemustert. Dieser ganze Hintergrund hat natürlich auch mit der Spickprüfung von vor ein paar Seiten zu tun.

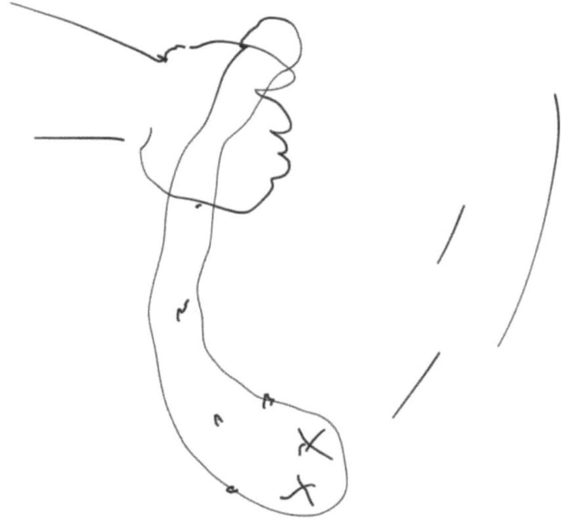

Und nun geht es ans Schwingen. Ein Aal wächst am besten, wenn man ihn schwingt und durch die Luft wirbelt. Natürlich am Schwanz haltend. Somit ist der Schwerpunkt der Kopf und dieser zieht den Aal auseinander und mit der Zeit in die Länge. Die erweiterte Länge bebaut der Aalkörper dann mit Fleisch und schon hat man mehr Aalkapital.

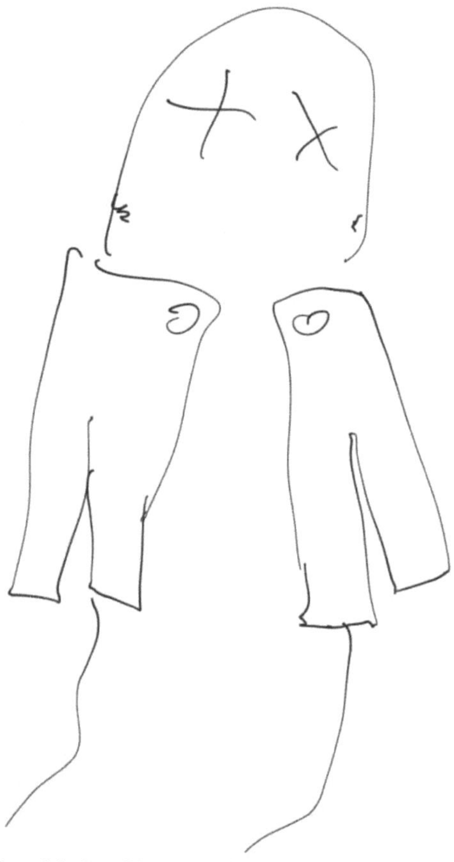

Die Aufzucht der Glasaale besteht aber nicht nur aus Aussieben, Prüfungen und Wachstam. Es geht auch um Bewahrung. So werden ganz empfindliche Tiere mit kleinen Schlafjäckchen ausgestattet. Die Vergangenheit hat uns gezeigt, dass sie sonst eingehen, wie Nelken, die verwelken.

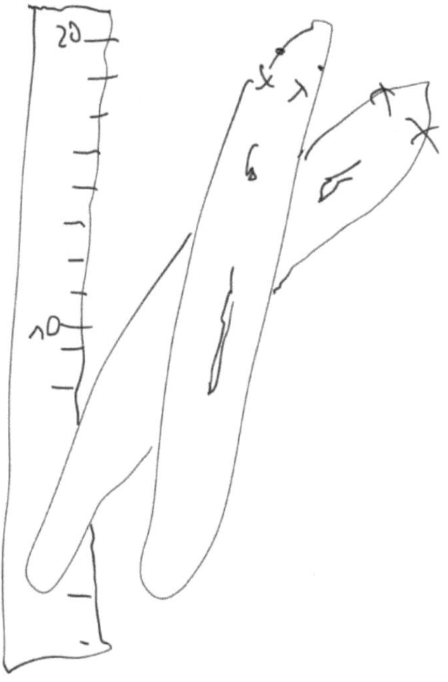

Gemessen werden sie jeden Tag nach dem Wachpeitschen. Dann schnappt sich irgendein Zeitarbeiter die Fische aus den Trögen (Die Aalzucht befindet sich in einer Rinderzuchthalle, die noch genutzt wird.) knallt sie auf ein kleines Gummikissen, Lineal daneben und notieren.

Dann geht's zum Langschwingen. Da schaut man natürlich auch, wie lang sie eigentlich sein müssten. Ist ein Aal zu klein wird er sehr lange pro Tag geschwungen.

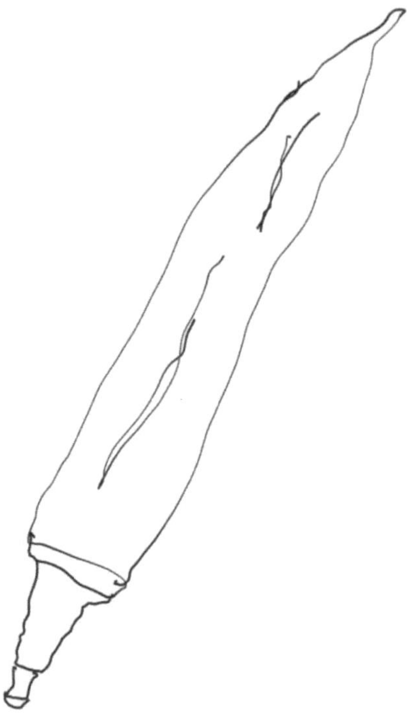

Und natürlich sterben auch dabei ein paar Aale. Doch nichts verkommt. Es gibt viele Möglichkeiten das liebe Getier auch anderweitig zu nutzen. Also neben der Futterverwendung.
Hier ein Aalschwanzstift.

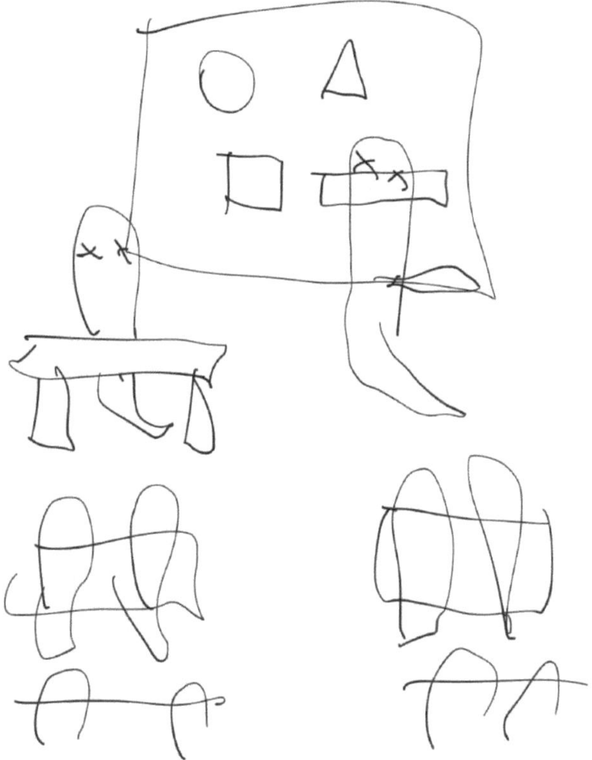

Und was natürlich auch sein muss: Die Schule. Es ist unverantwortlich, wenn es uns nur um die Leiber gehen würde. Natürlich möchten wir auch, dass sie die Zeit, die sie haben, gut nutzen und wacher aufs Leben schauen können. Es gibt die Fächer: Formen, Aalsexualkunde, Aalwachstum, Aaligion und Forellisch.

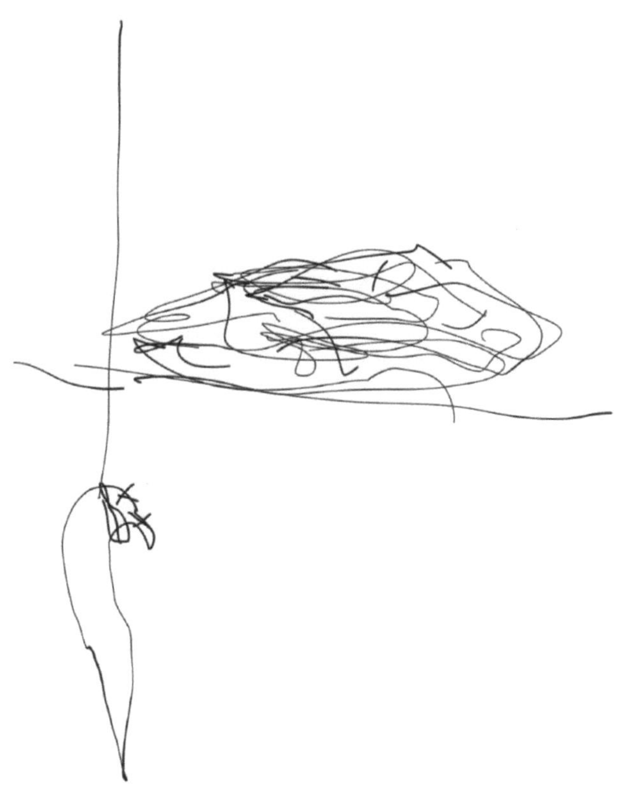

Hier sehen wir Koklick. Er hat gerade seine letzten Zuckungen. Warum er am Galgen hängt? Nun, Koklick hat da wohl ein wenig Unrat in seinem Trog liegen lassen. Natürlich gibt es bei uns auch Disziplinmaßnahmen. Die Verlierer lassen wir sehr lange hängen.

Würde es keine Regeln geben und Ausbüxvorsichtsmaßnahmen, so wäre dieser Aal sicher flüchten können. Er versteckte sich in einer AstraDose eines Mitarbeiters und hoffte auf einen innerbetrieblichen Pfandsammler. Natürlich wurde er gefasst.

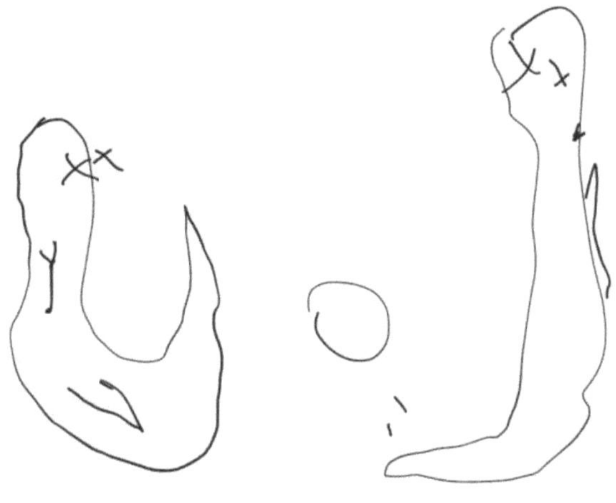

Sport und Spaß stehen bei uns an erster Stelle. Wir haben einen Wasserballtrog mit einem ferngesteuertem Ball. Zuchtleiter Jochen findet das ganz putzig. Auch eine große Tischtennisplatte, auf der die Feinsten liegen können., haben wir.

Das ist einer unser emsigsten Aalschwinger. Eduard Hommel.

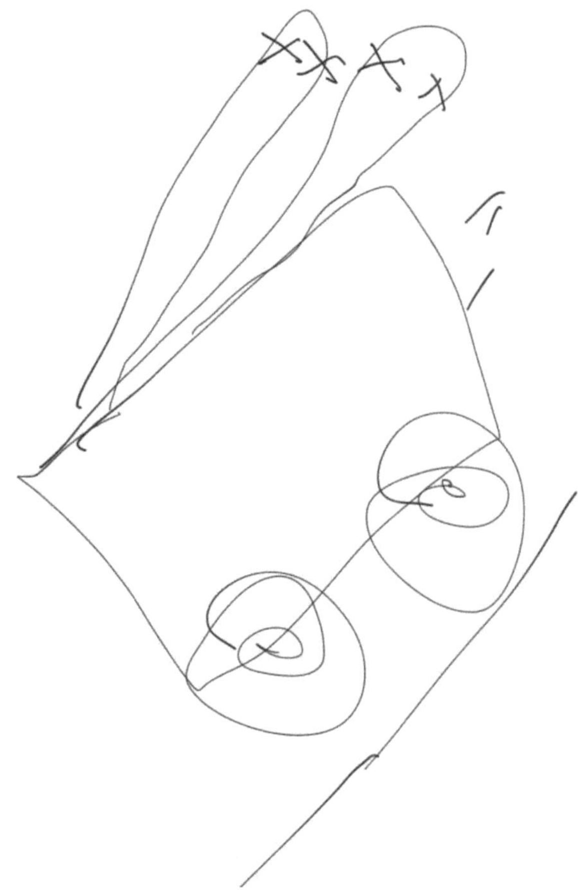

Und es gibt einen kleinen Wagen den Mitarbeiter im 30Minuten-Rhythmus einen kleinen Gang hinuntersausen lassen. Abhärtungstraining wird es insgeheim genannt.

1999 ist ein Reiher in die Aalzucht eingestiegen und hat die Rindertröge durchpickt. Das Trauma der Aale zieht sich durch ganze Generationen. Deswegen sind sie auch in der Natur nicht mehr zutraulich.